RECHERCHES

SUR

LES ZODIAQUES ÉGYPTIENS.

RECHERCHES

SUR

LES ZODIAQUES ÉGYPTIENS.

Par M. LATREILLE,

MEMBRE DE L'INSTITUT, ACADÉMIE ROYALE
DES SCIENCES, etc.

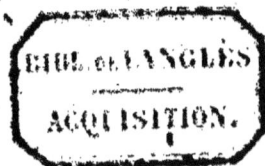

———————

A PARIS,

Chez Mme Ve Agasse, Imprimeur-Libraire, rue
des Poitevins, no 6.

~~~~~~~~~~~~~~~~

1821.

RECHERCHES

SUR

LES ZODIAQUES ÉGYPTIENS.

Consacrant à l'histoire et à la géographie des temps anciens, mes loisirs et les instans qu'une fatigue passagère de l'organe de la vue me contraint de ravir à l'étude de la nature, j'ai essayé d'aborder une question des plus obscures et des plus épineuses, l'explication des zodiaques égyptiens. Déjà dans un recueil de mémoires publié en 1819, j'avais émis quelques idées sur ce sujet. De nouvelles recherches leur ayant donné un nouvel appui et en ayant étendu le domaine, je les ai coordonnées à un plan général, qui me semble remplir le but que je m'étais proposé (1). Je puis sans doute me faire illusion,

(1) Un extrait des deux premières parties de ce Mémoire a été communiqué à l'Académie des sciences, dans sa séance du 19 mars de cette année.

ainsi que tant d'autres, et me flatter en vain d'être l'œdipe de ces énigmes; mais les rapprochemens que je présenterai m'ont paru si curieux et si propres à jeter du jour sur cette discussion, qu'on me pardonnera, j'espère, d'avoir succombé à une tentation bien naturelle, celle de faire connaître le fruit de mes travaux. Puissent-ils être favorablement accueillis par quelques-uns de mes collègues, tels que MM. de Humboldt (1), Fourier, Jomard, etc., qui ont sondé le même abîme avec des connaissances bien supérieures aux miennes, mais sous un point de vue plus borné !

La question des zodiaques égyptiens, traitée jusqu'à ce jour d'une manière trop spéciale, souvent peu naturelle, et, j'ose le dire, avec les perpétuels ennemis de la vérité, les préjugés et la passion, intéresse vivement l'histoire, la mythologie et l'astronomie;

---

(1) N'ayant appris que postérieurement à la rédaction de ce Mémoire, qu'il avait publié son travail sur divers zodiaques, je n'ai pu en profiter. L'intérêt qu'il a pris à mes recherches adoucit mes regrets. Parmi les savans de nos jours qui ont traité la même question, je citerai encore M. Francœur.

l'histoire, en ce que liée avec elle, elle peu
éclaircir les traditions primitives, nous dé
voiler leurs rapports et leur origine, et con
tribuer à fixer leurs limites ; la mythologie
en ce qu'elle en devient la clef, qu'elle la ré
duit à des élémens très-simples, en mettant
nu celles des Grecs et des Romains, si em
brouillées et si méconnaissables par leu
travestissemens ; enfin l'astronomie, en c
qu'elle nous la montre à son aurore, s'avar
çant, pas à pas, avec l'histoire, et non dar
ce lointain imaginaire ou accompagnée d
cortége de cette multitude inouie de siècles
que des savans, pour lui faire honneur, or
voulu lui donner. Je ne confondrai poir
cependant l'antiquité des monumens histor
ques avec celle de notre globe, difficul
qu'on ne distingue point assez de la préce
dente. Là, il faut s'arrêter où les documens
c'est-à-dire, les traditions généalogiques
nous manquent ; ici, les couches de la terr
sont le seul livre que nous puissions ouvr
et méditer. Cette sorte de révélation natu
relle, qui sert de base à la géologie, nou
perd dans la nuit des temps, ou cet âge d
monde que l'on peut appeler avec Varror
adelon ou caché. Je distinguerai encore c

l'histoire ce temps fictif et cosmogonique,
l'âge d'or, que d'anciens peuples ont mis à
la tête de leurs premières traditions, et que
des savans, pour combattre une chronologie
généralement admise, ont confondu avec
elles. Tout homme, quelle que soit son opinion religieuse, qui discutera rigoureusement
et avec franchise l'antiquité des monumens
historiques, sera convaincu qu'elle ne dépasse
point les bornes de cette chronologie.

Je diviserai mon travail sur les zodiaques
égyptiens en trois sections : leur nature, ou
principes généraux de leur construction ; leur
antiquité et leur composition, ou leurs détails.

SECTION PREMIÈRE.

DES ZODIAQUES ÉGYPTIENS EN GÉNÉRAL.

Puisque ces monumens étaient exposés dans
les temples aux regards de la multitude, tout
porte à croire qu'ils étaient destinés à son
instruction, et que le sens de leurs hiéroglyphes devait être en harmonie avec ses
connaissances et sa situation, c'est-à-dire
populaire. Comment les inventeurs de ces
zodiaques, si éclairés qu'on les suppose,

auraient-ils pu atteindre leur but par des conceptions savantes et l'emploi d'images dont le sens eût été inintelligible? Aussi Syncelle, en parlant, d'après Polyhistor, des figures hyéroglyphiques du temple de Belus, (*Chronog.* pag. 29), s'exprime-t-il ainsi, selon la traduction latine : *Figuraliter autem ad sensum rerum naturis accomodum hæc eadem traduci docet*, Belus sous-entendu. Aussi Bailly a-t-il remarqué que la plupart des figures des zodiaques de l'Inde étaient prises d'objets naturels, propres au climat. Voilà une idée dont les savans qui ont cherché à deviner ces enigmes, auraient dû, préalablement, bien se pénétrer. Les uns y ont mis trop d'esprit ; d'autres trop de savoir, et aucun ne les a considérées dans toutes leurs conditions ou sous toutes leurs faces.

Que sont donc définitivement les zodiaques égyptiens?... des tableaux hiéroglyphiques, religieux, historiques, civils et disposés dans un ordre astronomique et cosmogonique.

Le sabéisme, des fictions sur l'origine de l'espèce humaine et sa destinée, des traditions relatives aux découvertes des premiers âges et à la distinction des castes, le souvenir d'un grand cataclysme, des fêtes religieu-

ses propres à le perpétuer, le souvenir encore
d'une victoire mémorable remportée sur des
Éthiopiens, des faits relatifs aux saisons, les
levers et couchers acronyques de certaines
constellations, des zodiacales principalement,
l'observation des étoiles les plus apparentes
et la marche annuelle du soleil, tels sont
les matériaux employés dans la construction
de ces zodiaques. Les constellations qui chaque jour, après le coucher du soleil, bor-
daient l'horizon vers les points où il avait
disparu, formaient successivement une sorte
de calendrier, annonçant les phénomènes qui
allaient avoir lieu et retraçant d'autres souvenirs concomitans. Ainsi le spectacle du
firmament, si imposant d'ailleurs, devenait
pour l'homme familiarisé avec l'intelligence
des zodiaques, une source féconde d'instruc-
tions, et qui le rappelaient sans cesse à lui-
même.

Si, comme nous le verrons plus bas, le
premier zodiaque fut établi dans une contrée
de l'Asie, où l'ordre des saisons et les circonstances accessoires sont presque les mêmes
que dans nos climats méridionaux, les Égyptiens, au moyen d'une anticipation d'environ
six mois, purent aisément adapter au ciel de

Thèbes, les divisions premières de ce zodiaque. Ici, en effet, la moisson était en pleine activité au mois de février; là, c'était de juillet en août; ici encore, l'inondation du Nil représentait les pluies abondantes, qui dans la terre natale de ce peuple précédaient l'équinoxe du printemps.

Ainsi que l'annonce le titre de mon Mémoire, je n'ai voulu embrasser que les zodiaques d'Égypte. Il sera néanmoins facile d'établir entre eux et ceux des peuples du nord de l'Asie, des Chinois notamment, une correspondance générale, en se rappelant que l'année de ceux-ci commença originairement au solstice d'hiver, et que leur premier signe, celui du Rat, répondait, à partir de ce point, à la constellation du Verseau.

SECTION SECONDE.

DE L'ANTIQUITÉ DES ZODIAQUES ÉGYPTIENS.

Dans un sujet aussi litigieux, il serait peut-être possible de s'entendre, si d'une part l'on sacrifiait une portion de cet engouement que l'on a conçu pour les Égyptiens, et si de l'autre, dépréciant moins leur mérite, on leur

accordait les premières notions d'une astronomie élémentaire, notions que dans de pa-
reilles circonstances nous essayerions nous-
même d'acquérir, comme mesure indispen-
sable du temps ; témoins les laboureurs et les
gens de la campagne, auxquels une observation journalière a procuré quelques-unes de
ces connaissances.

Me conformant à la marche de l'esprit humain, je distinguerai, ainsi qu'on l'a déjà
fait, deux sortes d'astronomie, l'une naturelle, image de son enfance, et l'autre ra-
tionelle ou mathématique, formant son second âge. Celle-ci, dont M. le chevalier de
Lambre a recueilli avec tant de soins les plus
petits fragmens, et qu'il a réunis et discutés
avec une sagacité si profonde et si lumineuse,
datera, pour moi, d'une ère historique célèbre, celle de Nabonassar, ou d'environ sept
siècles et demi avant la nôtre. L'astronomie
naturelle et dès-lors antérieure, revendique
les zodiaques d'Esné ; ceux de Dendérah sont
du partage de la seconde. L'ingénieux Bailly,
à l'exemple de plusieurs auteurs tant juifs que
chrétiens, admettait une astronomie antédiluvienne. J'abandonne aux critiques l'examen
des autorités qu'il emploie, et aux astronomes

la vérification de ses calculs. Mais du moins
me semble-t-il constant que les zodiaques
égyptiens, dont Bailly n'a pu faire usage,
servent de commentaire à des traditions qui
embrassent les temps antédiluviens, et regar-
dées jusqu'ici comme inintelligibles ou fabu-
leuses. Telle est particulièrement celle que
nous fournit Syncelle, d'après Polyhistor,
Berose, Abydène, Apollodore, etc., et relative aux sept demi-dieux, moitié hommes
et moitié poissons, qui parurent sous les rois
chaldéens antérieurs au déluge de Xisuthros,
et qui furent les premiers instituteurs de l'espèce humaine. Oannès, Euahannès ou OEs,
selon d'autres, que l'on disait sorti de l'œuf
primitif ou orphique, et qui se montra sur les
bords de la Mer-Rouge, aux confins de la
Babylonie, est le premier et le plus renommé
de ces demi-dieux. Quoiqu'on le représente
comme un être privé de raison, il civilisa les
hommes, leur donna le premier des leçons
d'agriculture et de géométrie, et laissa même
des écrits sur ces matières. Animal amphibie,
il paraissait et conversait, le jour, avec les
hommes, et se retirait dans la mer, après le
coucher du soleil. Les autres demi-dieux lui
ressemblèrent et remplirent les mêmes fonc-

tions. Dès-lors, si nous venons à bout de
reconnaître Oannès, cette mystérieuse théo-
gonie nous sera, par analogie, entièrement
dévoilée. Le coucher acronyque d'une étoilé
méridionale et remarquable, la figure d'un
animal réputé amphibie lui servant d'hiéroglyphe, un personnage auteur ou contemporain
de l'observation, et ayant mérité, par ses
bienfaits, les honneurs d'une apothéose astronomique, désignée, au figuré, par l'expres-
sion d'enlevé au ciel, voilà le triple sens que je
découvre dans l'histoire de ce premier demi-
dieu. La description qu'en a donnée Berose,
paraît naturellement s'appliquer à celle d'une
espèce de phoque, d'autant que ces animaux sont abondans dans les mers de l'Asie,
et qu'on en trouve notamment dans la mer
Caspienne. Des idées religieuses, puisées dans
le Zend-Avesta, fortifient cette présomption ;
car il y est dit, à l'occasion du bœuf marin,
mahi kho, animal qu'on ne peut guère rapporter à d'autre genre que le précédent, que
tous les poissons conçoivent, et que les kharfesters aquatiques, ou mauvaises productions
de l'eau, perdent leurs fruits, lorsqu'il fait
entendre sa voix. Les phoques se nourrissent
de divers autres animaux aquatiques, dont plu-

sieurs sont nuisibles ; et si, comme l'ont avancé quelques naturalistes, l'espèce la plus commune des mers du Nord fait ses petits en novembre et décembre, ou vers le solstice d'hiver, on aura pu, d'après elle ou quelque autre espèce analogue, regarder le phoque comme le signe précurseur du renouvellement annuel de la nature. Nous avons observé plus haut que l'année des Chinois et de plusieurs autres peuples asiatiques s'ouvrait primitivement à ce même solstice.

Du temps de Berose, l'on conservait encore l'effigie d'Oannès. Elle n'était, ainsi que celles des animaux monstrueux du temple de Belus, et qui avaient, disait-on, existé dans l'origine du monde, qu'un hiéroglyphe astronomique. Jetons les yeux sur le zodiaque du portique du grand temple d'Esné, et nous en aurons la preuve. La figure emblématique de la constellation du Capricorne nous présente celle d'un animal ressemblant par ses formes générales à un phoque, mais sous le rapport de la conformation de la tête et des deux pieds antérieurs, tenant aussi de la gazelle ou de quelque autre quadrupède voisin. Malgré ces différences, provenant de ce que, transportés sous un autre climat, les peintres

ou les sculpteurs n'avaient plus sous les yeux
le modèle, le passage de Berose relatif à ce
demi-dieu ne peut convenir qu'à un phoque,
puisque, selon lui, l'animal était amphibie,
et qu'il avait deux pieds semblables à ceux de
l'homme et réunis avec sa queue. Il lui
donne deux têtes, ce qui me donne lieu de
soupçonner qu'il avait décrit l'animal sur
une figure analogue à celle de ce zodiaque.
(*Voyez* plus bas.)

Les étoiles de première grandeur formant,
relativement aux autres, des sortes de ja-
lons ou de points de ralliement, dûrent, dans
l'enfance de l'astronomie, fixer, presque exclusivement, l'attention de l'observateur. Fomalhaut est la seule qui ait pu se trouver alors
dans le voisinage du colure du solstice d'hiver ;
et supposé qu'elle fût rigoureusement sous ce
colure, ce premier fait astronomique daterait
de 3450 ans avant notre ère. Plusieurs siècles
après, cette étoile ayant paru s'être avancée
vers l'orient, elle composa, avec quelques
autres, une constellation nouvelle, celle du
poisson austral. Le dessin primitif et hiéroglyphique du signe du Capricorne fut néanmoins conservé, mais subit insensiblement
des altérations, ainsi qu'on le voit déjà par

la comparaison du zodiaque précédent avec celui du temple au nord de la même ville. A la moitié antérieure du corps du phoque, on substitua la portion correspondante du corps d'un bouc, d'une gazelle, etc. : de-là l'origine du nom d'*Æquoris hircus*, donné à la constellation du Capricorne. Sur le zodiaque indien, dont on doit la connaissance à John Call, et dont Bailly a reproduit la figure dans son *Histoire de l'astronomie ancienne*, le bélier et l'oxyrynque (1) remplacent l'emblème du même signe. Le phoque, sur le zodiaque du portique du grand temple d'Esné, sert de support à un personnage, présentant d'une main une plante terminée par trois fleurs, symbole peut-être du nombre des mois d'une saison. Ces fleurs sont placées au-dessus de la tête du sujet de la figure du Verseau, sur le zodiaque du temple au nord de cette ville et sur celui du portique du grand temple de Dendérah ; mais ici, elles sont au nombre de cinq. Dans la cosmogonie des Perses, l'étoile venant ou Fomalhaut est la gardienne de la

---

(1) Ou de quelque espèce de squale, analogue à celle que l'on désigne sous le nom de *scie*.

planète Anhouma, c'est-à-dire, Ormusd ou Jupiter, et le jasmin tirant sur le rouge, *mort-
iasman*, est consacré à ce dieu : telle est
l'explication plausible de cet emblême. Je présume que la plante est une espèce de liliacée,
qui fleurit vers le solstice d'hiver. Les figures
des Syrènes, des Tritons et de Neptune, n'é-
tant, à ce que je crois, que des combinaisons
du phoque et du sujet supérieur, appropriées
à divers sens allégoriques, ne serait-il pas
encore possible que le trident de Neptune ne
fût que la plante à trois fleurs, dont je viens
de parler, transformée ainsi ?

Si je n'appréhendais pas de trop m'éloigner
de mon sujet, je pourrais, en comparant ce
que la Genèse dit d'Enos, *iste cæpit invo-
care nomen Domini (chap. 4, vers. 26)*, et
d'Enoch, fils de Jared, avec ce que d'autres
traditions nous apprennent soit d'Oannès,
soit d'Anubis, de Thoth, de Mercure, etc.,
établir des identités de personnes, d'attributs
et d'origines. Ces analogies peuvent paraître
forcées ou chimériques ; elles ne sont cependant que la conséquence d'un foule de rapprochemens fondés sur le parallèle de toutes
les théogonies et de la Genèse. De ces observations sur le demi-dieu Oannès, je conclus

que les six autres sont pareillement des emblêmes astronomiques, ayant pour objet des
étoiles fixes et non moins remarquables, à
raison de leur grandeur et de leur position.
Nous verrons encore dans ces mêmes étoiles,
les sept ou cinq planètes que des auteurs
orientaux ont dit être en conjonction à certaines époques mémorables, celle du déluge
spécialement. Je reviendrai sur ce sujet, lorsque je traiterai de plusieurs symboles des zodiaques égyptiens, qui se rapportent évidemment à ce cataclysme.

Les sept demi-dieux chaldéens ayant pré-
cédé Xisuthros, le Noé de la Genèse, ces observations astronomiques, base du zodiaque primitif, sont donc antédiluviennes. La date de
l'institution de la période sothiaque confirme
cette haute antiquité de l'as ... nomie naturelle. Les 1460 ans qui, non compris les jours
bissextes, composent la durée de ce cycle, ne
produisent sur l'ascension droite de Syrius
qu'une différence en avancement de 16°
18 min. Il a donc fallu une longue et continue
série d'observations pour que l'on pût appré-
cier ces mouvemens apparens, et fonder là-
dessus cette période. On sait que Fréret, Bailly
et d'autres savans ont, d'après un passage de

Censorin et à l'appui duquel on a cité ensuite le témoignage de Théon, considéré l'an 1322 avant J. C., comme le premier de l'un de ces cycles. Voudrait-on, par la supposition d'un calcul fictif rétrograde, contester le fait, l'on serait bien forcé d'admettre que cette période était en usage près de sept siècles avant notre ère, puisque le zodiaque du portique du grand temple d'Esné, datant presque, comme on le verra plus bas, de cette époque, nous offre le caractère symbolique du cycle caniculaire. Raccourcissez, contre les vraisemblances toutefois, cette durée de temps, vous serez toujours contraint de remonter à une vingtaine de siècles au-delà de l'ère chrétienne.

Tâchons maintenant de déterminer la situation géographique de l'observatoire où furent recueillis les premiers faits astronomiques. Ils me serviront eux-mêmes de guides, et l'histoire leur prêtera aussi ses lumières.

Le pays situé entre le Tigre et l'Euphrate, ou la Babylonie, autrement la Chaldée des anciens géographes, aurait-il été, ainsi que semble l'annoncer l'homonymie, le séjour de ces Chaldéens, réputés les pères de l'astronomie, voilà ce que je vais examiner.

Remarquons d'abord que les zodiaques d'Esné, les plus anciens de tous, ne nous offrent aucune constellation australe, exclusivement visible sous des parallèles inférieurs à 35° de latitude nord. Rien n'y indique l'observation de l'une des plus belles étoiles, après Syrius, celle de Canopus, quoique très-visible à son passage au méridien, mais sans être peu élevée, dans la Haute-Égypte. Anquetil du Perron nous dit dans ses *Recherches historiques et géographiques sur l'Inde*, que les Brahmines confessent avoir reçu toutes leurs connaissances astronomiques des parties de la Perse comprises entre le 30e et le 35e degrés de latitude. Il nous apprend aussi que la fameuse ère de Kaliougam fut introduite dans ces contrées par les Mahométans, et prouve encore qu'elle est le simple résultat d'un calcul établi sur la chronologie des Septante (1). C'est dans ces contrées orien-

---

(1) Son opinion me paraît tellement fondée, que le catalogue des rajahs d'une partie de l'Inde, publié par ce savant, et que l'on fait remonter jusqu'aux temps diluviens, ne me semble, déduction faite des dix-neuf premiers rois, les antédiluviens, et dont Parischhat, le dix-neuvième, représente, selon moi, Noé ou Xisu-

tales de la Perse, confinant avec le nord
de l'Inde, que, selon l'opinion générale,
le sabéisme prit naissance; c'est encore de-
là que paraissent être partis, comme d'un
point central, les peuples qui fondèrent les
colonies primitives, et portèrent, dans les
lieux où ils s'établirent, des traditions com-
munes.

Les observations astronomiques les plus
anciennes nous ramènent toutes à cet état du
ciel où quatre étoiles principales, Aldébaran
et Antarès, Régulus et Fomalhaut étaient
très-voisines, les deux premières des équinoxes, et les deux autres des solstices. Telle
devait être, en se bornant à une simple dé-
termination approximative, la position de ces
étoiles, vingt-huit siècles environ avant notre

---

thros, dater que d'environ seize siècles avant l'ère chrétienne ; car de Djanmedjch, que l'on dit fils du précédent, jusqu'à la mort de Sakvangarhi, commencement
de l'ère des Chakes ou Saces, arrivée l'an 78 de J. C.,
le nombre des règnes est de soixante-sept ; ce qui nous
donne, d'après l'estimation moyenne de 25 ans, pour
chacun d'eux, 1675 années. Soustraction faite des
78 ans, il reste 1597. Pour que ce catalogue em-
brassât l'ère du Kalïougam, on a exagéré la durée de
ces règnes.

ère (1). La constellation de la Coupe, repré-
sentée sur les zodiaques égyptiens sous la figure de la moitié postérieure du corps d'un
lion, nous indique que Régulus était alors
très-près du colure du solstice d'été; et comme
la même constellation de la Coupe s'associe à
d'autres, dont les emblêmes sont relatifs au
déluge de Noé ou de Xisuthros, nous en
déduisons que ce cataclysme date de la

---

(1) 2800 ans avant J. C., l'étoile *alpha* du Capricorne avait près de 239° d'ascension droite, et la première du Verseau était très-voisine (269° 6' d'ascension
droite) du colure du solstice d'hiver. Le soleil entrait
donc dans le premier de ces signes vers le 20 novembre, et dans le second, environ un mois après.
Vers 1560 avant cette ère, époque s'éloignant peu,
comme nous le verrons plus tard, de celle où l'empire
d'Assyrie se détacha de celui d'Égypte et devint puis-
sant, de celle encore de l'origine de la monarchie in-
dienne dont les souverains nous sont connus par le catalogue qu'en a publié Anquetil du Perron, la première
du Verseau était éloignée du même colure de 15°; Fomalhaut s'était écarté du même point de près de 26°.
C'est, je présume, l'époque du changement fait par les
Chinois au commencement de leur année, et que l'on
attribue, mais faussement, à Chwen-Hyo ou Chueni,
beaucoup plus antérieur, et représentant, selon moi, le
thoth égyptien, l'énoch de l'Écriture, etc. J'ai fixé à

2.

même époque (1). Si les Phéniciens, ainsi qu'on peut le présumer, se fixèrent sur les côtes de la Syrie, en même temps que d'autres peuples, sortis d'une souche identique, s'établirent en Égypte, nous trouverons que la fondation de cet Empire s'éloigne peu de la même époque. C'est probablement à l'origine de leur colonie que les Phéniciens faisaient allusion, lorsque du temps d'Hérodote, ils reportaient la fondation de la ville de Tyr à vingt-trois siècles de distance. Si nous y ajoutons le temps qui s'est écoulé entre le voyage de l'historien grec et l'ère chrétienne, nous aurons 2760 ans. Le Phœnix, disait-on,

---

l'an 1760 avant l'ère chrétienne l'établissement du zodiaque du temple au nord d'Esné. Mais ce calcul n'étant qu'approximatif, est susceptible d'une diminution ; toujours paraîtrait-il probable que 26 ou 27 siècles avant J. C., l'astronomie avait commencé à prendre une nouvelle face, et que cette révolution, d'après la division de l'Asie en grands empires, et les relations qu'ils avaient avec l'Égypte, serait devenue générale ; elle aurait aussi exercé son influence sur les connaissances mathématiques des Grecs.

(1) 3044 ans avant J. C., selon la chronologie établie sur le texte samaritain.

parut sous le règne de Sésostris, antérieur,
selon nous, d'environ vingt-deux siècles et
demi à la même ère. Supposé que le Phœnix
fût l'emblême de la période astronomique
de 600 ans, instituée probablement peu de
temps avant le déluge, la première année de
ce cycle précédera cette ère d'environ vingt-
huit siècles et demi.

Aux quatre étoiles ordinales précitées, nous
ajouterons Wega, ou la première de là Lyre,
constellation qui, sous la figure hiéroglyphique d'un aigle ou d'un vautour (1), le *Simorg*
du Zend-Avesta, et accompagnée quelquefois
d'un Anubis, portant une lyre (zodiaque du
temple au nord d'Esné), fut l'emblême de la
période du Phœnix. Cette étoile est formelle-

---

(1) Sur l'un des planisphères égyptiens, publiés par
Kirker (Dupuis, *Origine des cultes*, atlas, pl. 6),
on voit près du pôle la figure d'un oiseau, très-analogue
au cygne. Il est dit dans le Zend-Avesta, tome II,
page 327, que l'oiseau *tachmrog*, placé sur le haut de
l'Arbordj, fait tous les trois ans le tour des nombreux
villages situés au bas de cette montagne; qu'il porte la
vie dans les villages de l'Iran, et donne le repos au
Monde. Tel est peut-être le sujet allégorique de la
figure précitée.

ment indiquée sur des hiéroglyphes relatifs au déluge (la *lyre*, l'*autel*, *Orion* et le *lièvre*, zodiaque du portique du grand temple de Dendérah), et porte dans le Zend-Avesta le nom de *Meschâgh* ou de *Mesch*. Suspendue au centre de la voûte céleste, elle tient lieu de vedete avancée, protégeant le midi. *Satevis* ou Aldébaran (1) garde l'ouest ; *Haftorang* ou Régulus veille à la sûreté du nord ; *Taschter* ou Antarès est en sentinelle à l'est, et *Venant* ou Fomalhaut défend encore le midi. Quelques auteurs orientaux, gratifiant d'une lyre tant Apollon que Vénus, ont appliqué, à l'occasion de ce déluge, la dénomination de Vénus à Wega. C'est aussi de cette étoile (ou peut-être de quelque comète) qu'il s'agit probablement, dans un passage de saint Augustin (*de Civitate Dei, lib.* 21, *cap.* 8), au sujet d'un phénomène singulier que l'on observa, dit-on, sous Ogy-

---

(1) Satevis est chargé de la planète *Anahid* ou Vénus ; Haftorang de celle de *Berham* ou Mars ; Taschter de celle de *Tir* ou Mercure ; Venant de celle d'*Anhouma* ou Jupiter ; et Mesch de celle de *Kévan* ou Saturne : *Zend-Avesta*, tome II, pag. 356. Mesch est une grande étoile, placée au milieu du ciel, *ibid.* pag. 349.

gès, dans le cours, les dimensions et la couleur de la planète Vénus. Suivant le Zend-Avesta, Saturne est sous la surveillance de cette étoile de la lyre, et c'est positivement Cronus ou Saturne qui, au rapport de Berose, prévint Xisuthros de l'arrivée du déluge. L'observation de Wega se lie donc manifestement à ce cataclysme. Le Zend-Avesta qui lui donne l'épithète de grande, suppose, dans deux passages, qu'elle est au milieu du ciel. L'auteur du Caherman Nameth (Herbelot, *Bibliot. orient.*, article *Zoharah*), en parlant d'un fameux combat entre le personnage de ce nom et un fort géant, emblème, à ce qu'il me paraît, du même événement, dit que Vénus (Wega), du haut du ciel, quitta son instrument pour être plus attentive à ce spectacle. Il résulte de ces passages, que cette étoile était au zénith du lieu. Si nous cherchons maintenant quelle était sa déclinaison, vingt-huit siècles avant notre ère, nous la trouverons de 34° 45 min. nord. Puisqu'elle passait au zénith, à l'instant de sa culmination, sa déclinaison représentera l'élévation du pôle du lieu. Or, ce parallèle est le même que celui de la ville d'Hérat, réputée dans l'Orient pour une des quatre cités les plus anciennes. Son emplacement ne semble point ou presque pas différer de celui de *Siphare*, que Ptolémée met dans l'*Aria*, et au bas des monts *Sariphi*, aujourd'hui les montagnes de Gaur. Remarquez que c'est dans la ville de *Sispara*, la cité du Soleil, que Zisuthros, à la veille du déluge (1), enfouit les monumens historiques, et que le lac de Durrah, situé au sud-ouest de cette ville, tributaire des eaux qui découlent des montagnes environnantes, acquiert dans le temps d'inondation (*Voyage*

---

(1) Selon la plupart des traditions et de leurs commentateurs, il eut lieu vers la fin de novembre, ou dans les premiers jours du mois suivant. Si nous prenons le 25 du précédent, nous trouverons que ce jour-là et sous le parallèle de 34° 45', le soleil se couchait, la réfraction non comprise, à 4 h. 59'; que Régulus se levait à 5 h. 51', et Syrius à 5 h. 32'; Wega se couchait à 7 h. 32', et Fomalhaut à 7 h. 52'. La première du Bélier passait au méridien à 5 h. 15'; *Capella* ou la première du Cocher y était à 7 h. 5', et Aldébaran à 7 h. 43'. Ainsi vers six heures et demie du soir, à la fin du crépuscule, l'on voyait, près du méridien, trois étoiles remarquables; et à peu d'élévation au-dessus de l'horizon, quatre autres semblables, deux au levant et deux au couchant. Voilà, peut-être, l'explication de cette prétendue conjonction des planètes que l'on a dit être arrivée vers l'époque du déluge.

dans le Belouchistan, taduit de l'anglais), une étendue considérable (1). Il paraît donc, ainsi que je l'avais dit dans un autre Mémoire, que le Ségistan et la partie méridionale du Khorasan ont été le berceau de cette race caucasique, dont nous sommes les descendans. Ces contrées de la Perse seront pour moi l'Érythrie ou la Phénicie primitive; et puisque la partie méridionale de cet Empire était désignée sous le nom d'Éthiopie, que l'Éthiopie, selon Pline, fut appelée origi-

---

(1) Le même voyageur a trouvé dans le Mékran des restes de la race primitive des Bohémiens ou Zingari, les fameuses gorgones de la mythologie, et dont je parlerai dans mon explication de l'emblème relatif à la constellation de Persée.

Selon quelques auteurs, les déluges de Noé, d'Ogygès et de Deucalion seraient le même. Des rapports de circonstances, le nom d'*Inachides* (*Noachus*) de la constellation de Persée et l'étymologie de celui de Deucalion (fabricateur de coffres), semblent donner du poids à ce sentiment. Si l'on considère que les traditions des premières colonies de la Grèce datent de leur arrivée dans ce pays, qu'elles se rattachent, comme point de départ et sans transitions intermédiaires, à une ère commune, celle du déluge, les époques de ces cataclysmes ne différeront qu'en apparence.

nairement *Atlantia*, mes présomptions sur
l'Atlantide recevront un nouvel appui ; enfin
ces contrées seront aussi la Chaldée des temps
antédiluviens, et ces paroles si souvent répé-
tées, que les premières connaissances astronomiques nous viennent des Chaldéens, ne
seront susceptibles d'aucune application spéciale, puisque le Babylonien, aussi bien que
l'Égyptien, sont compris sous cette dénomination collective ; car la proposition se réduit
essentiellement à celle-ci : les premiers astronomes nous transmirent, indistinctement, le
fruit de leurs observations. Voudrait-on res-
treindre la dénomination de Chaldéens à cette
branche de la race caucasique qui s'établit près
de l'embouchure de l'Euphrate, gagna ensuite les bords de la Mer-Noire, et dont une
partie pénétra, à diverses émigrations, et de
concours avec des Syriens ou Phéniciens, dans
les pays méridionaux de l'Europe (1); sous le

_____

(1) Parmi les peuples que Ptolémée place près de la
partie occidentale de la mer Caspienne, il cite les *Tusci*
et les *Diduri*, dénominations qui nous rappellent celles
de deux anciens peuples d'Italie, les Toscans et les Li-
gures. Les mœurs des Cantabres, des noms mêmes de leur
pays (*Araxes*, *Arminon*, etc.), nous ramènent encore

rapport de l'astronomie, ces Chaldéens seraient encore inférieurs aux Égyptiens, puisque les premières observations de ceux-là remontent, au plus, à vingt-deux siècles et demi avant notre ère, et que, d'après le zodiaque du portique du grand temple d'Esné (*voyez plus bas*), celles des seconds ont au moins trois siècles d'antériorité. Peut-être serait-il possible de relever encore plus les Égyptiens, en faisant voir que Babylone leur dut ses premiers astronomes. C'est ce que me semble insinuer un passage d'Ausone, assez mal compris ou commenté par quelques auteurs qui, traitant de fables les exploits de Sésostris (1), se sont autorisés du vers suivant, extrait de ce passage :

Et qui regnavit sine nomine mox Sesostris.

———————————————————

dans ces contrées situées entre la mer Caspienne et la mer Noire, célèbres par leurs mines de fer et l'art de leurs habitans à le préparer. On comparera surtout les *Chalybes* avec ces Cantabres, qui sont probablement l'une des premières colonies orientales, et dont l'idiôme a été le moins altéré.

(1) Si, ainsi que je l'ai soupçonné, Bélus, fils de Neptune et de Lybie et fondateur de la monarchie assyrienne, est le même que Sésostris, il aura pu en confier le gouvernement à un lieutenant ou vice-roi. Profitant de la faiblesse où les souverains d'Égypte furent réduits,

Je pense qu'il s'agit ici de son fils, et qu'Ausone compare son règne obscur avec celui de son père: *Quique magos docuit vana mysteria necepsos* (envoyé par Sésostris).

Abandonnant la route que l'on avait suivie jusqu'à ce jour pour découvrir l'antiquité des zodiaques égyptiens, j'ai dirigé toute mon attention sur leurs signes symboliques, dans l'espérance que leur étude comparative me permettrait d'en saisir l'esprit et me conduirait au même but.

Plusieurs de ces figures, quoique essentiellement identiques, m'ont offert dans leurs accessoires des différences remarquables, préméditées, et que j'appellerai, d'une manière générale, des signes de rappel.

---

par l'invasion des peuples pasteurs, les gouverneurs de l'Assyrie se seront déclarés indépendans, ou bien auront, avec le pays, changé de maître. Telle est, je présume, la raison de cette discordance que l'on remarque entre divers auteurs, au sujet de la durée de cet Empire et de son origine.

Je ferai encore observer que les plus anciennes colonies de la Grèce s'y sont établies à une époque peu différente de celle que j'assigne au règne de Sésostris. Ses successeurs n'ayant pu conserver le fruit de ses conquêtes, il se forma dans l'Asie mineure et les pays adjacens divers petits États.

Le premier m'est fourni par le symbole de la reproduction, placé au-dessus du Bélier, du Taureau et d'Orion. Il est rapporté dans le Zend-Avesta, qu'Ahriman, auteur du mal, sauta, sous la forme d'une couleuvre, du ciel sur la terre ; dans une autre circonstance, il se métamorphosa en mouche (*Scarabée?*) ; or, c'est de l'époque de cette apparition que datent la naissance de Kaïomorts ou du premier homme et l'origine des productions attribuées à Ahriman, et dont quelques-unes lui servent d'emblêmes. Cette coïncidence de la formation des premiers êtres et de l'arrivée du mauvais génie, fut exprimée symboliquement sous la figure d'un globe ou d'un corps circulaire, traversé horizontalement par un serpent et dont les deux extrémités, ou la tête et la queue, font saillie (1). Nous lisons aussi dans le même ouvrage (tom. II, pag. 355) que Kaïomorts dit à Ahriman : « Tu es venu en ennemi ; mais tous les hommes sortiront de ma semence, feront ce qui est pur, des œuvres méritoires et te terrasseront (2). » C'est

---

(1) *Voyez* la constellation de l'Hydre du zodiaque du portique du grand temple d'Esné.

(2) *Genèse*, chap. 3, vers. 15.

ainsi que sur nos planisphères, d'origine égyptienne (voyez les *Planisphères de Kir-*
ker), Hercule est représenté renversé et
foulant aux pieds la tête du Dragon. Presque
au-dessus de son caducée, se trouve la Lyre,
emblême dont le sens est analogue. Cette
constellation, le Cygne, le Dauphin, l'Aigle, etc., étant à l'époque des premières observations astronomiques, dans le voisinage
du colure du solstice d'hiver, annonçaient
allégoriquement le terme où expirait la puis-
sance d'Ahriman et le retour d'un ordre de
choses plus favorable.

Un astérisque particulier compose le second
signe de rappel.

Le troisième consiste en un cercle renfermant une figure, et que j'appellerai synodique ou conjonctif.

Le symbole de la reproduction est com-
mun au Bélier et au Taureau, sur les deux
zodiaques d'Esné ; mais sur celui du grand
temple de la même ville, cette figure, à l'é-
gard du Bélier, forme un cercle plein, ou ne
présente point à son bord inférieur ce croissant, symbole de néoménie, qui caractérise
le même signe, placé au-dessus du Taureau.
Retranchons de l'hiéroglyphe que je viens

d'expliquer, la tête et la queue du serpent, nous aurons une figure presque semblable à celle que je compare au symbole d'une néoménie. Sur les deux zodiaques de Dendérah, le Bélier n'est accompagné d'aucun de ces symboles. Le Taureau n'en offre pas lui-même sur le zodiaque circulaire de cette ville, tandis qu'il est excessivement grand dans l'autre zodiaque, celui du portique du grand temple.

La cosmogonie (*Boun-dehesch*) des Parses, la même que celle des Égyptiens (1), fait naître la plupart des animaux de deux taureaux, l'un antérieur, unique, et dont la matière prolifique ayant été, après sa mort, purifiée par la lumière de la lune, produisit le second. Celui-ci était double, à raison des deux sexes, et de ce couple sortirent les autres animaux.

Le Bélier des zodiaques égyptiens est l'image du premier taureau, et cela me paraît d'autant plus vrai, que le mois répondant à ce signe, et le suivant, ou celui qui répond au signe du Taureau proprement dit ou le se-

---

(1) Celle des Chaldéens (Sync. *Chronog.* , pag. 39) en diffère sous quelques points, et paraît avoir été corrompue ou mal interprétée.

cond, ont été désignés par les Juifs, depuis leur retour de la captivité de Babylone, par les Chaldéens et les Arabes, sous des noms analogues (*Adar* 1, *Adar* 2, *Rabi* 1, *Rabi* 2), premier et second taureaux, premier et second printemps.

Sur le zodiaque du portique du grand temple d'Esné, le plus ancien de tous, le Taureau unique est représenté vivant. Son symbole, sous la forme d'un œuf et sans croissant, indique que l'animal est simplement propre à la génération. Mais sur le zodiaque du temple, au nord de cette ville, le Taureau est censé mort, et son symbole néoménique est maintenant le signe d'une fécondité commencée. Le Taureau unique ayant rempli ses fonctions, et se confondant d'une manière astronomique et cosmogonique avec le second Taureau, son symbole reproductif sera désormais superflu; aussi vainement le chercherait-on sur les zodiaques de Dendérah. Le second Taureau s'avançant simultanément, et les dernières étoiles de la constellation désignée ainsi, ou les Hyades, se trouvant sur les limites occidentales de la constellation des Gémeaux, emblême de la naissance, dernier période de la fécondité, la même figure symbolique, située au-dessus du second Taureau, annoncera, sous des dimensions extraordinaires, que l'animal est arrivé au moment du part. Le zodiaque du portique du grand temple de Dendérah nous le fait entendre, et l'explication est d'autant plus naturelle qu'Aldébaran, ou la première étoile du Taureau était à l'époque de l'établissement de ce zodiaque, au premier degré des Gémeaux, ou avait presque 31º d'ascension droite ; un peu plus tard, la constellation ayant entièrement dépassé le 30º, le symbole était inutile, et c'est pour cela qu'il n'existe point sur le zodiaque circulaire de cette ville (1). Ces symboles sont donc modifiés et anéantis dans un ordre progressif, conforme aux mouvemens apparens que produit la précession des équinoxes. Ainsi, sur le zodiaque du portique du grand temple d'Esné, les étoiles orientales de la constellation du Bélier étaient à une distance très-sensible de l'équinoxe du printemps, tandis qu'elles devaient y toucher lorsqu'on construisit l'autre zodiaque de cette ville.

_____

(1) C'est pour exprimer la même idée qu'on y a substitué la figure d'un agneau à celle qui, sous une autre forme, représente le Cocher.

Des astérisques indiquèrent aussi des observations astronomiques d'étoiles. Les signes du zodiaque du portique du grand temple d'Esné sont tous distingués par des groupes d'étoiles disposées avec une certaine symétrie. Toutes les autres constellations, à l'exception de Persée, mais désignée par un seul astérisque, n'en offrent point. Ce signalement général est même uniquement propre à ce zodiaque : d'où l'on peut inférer que les astronomes égyptiens ayant commencé à faire une étude plus spéciale du ciel, s'aperçurent que cette ordonnance contrastait avec celle des étoiles, et qu'il était nécessaire d'effacer ce mensonge astronomique. Fomalhaut, ou la première du Poisson austral, mérita cependant une distinction semblable, ainsi qu'on le voit par le zodiaque circulaire de Dendérah. Il est aisé de prouver qu'on le fit avec intention. L'état du ciel représenté sur ce zodiaque répond à l'année 550 avant notre ère ; cette étoile avait alors environ 309° 34′ d'ascension droite, de sorte que du 29 au 30 janvier elle passait au méridien avec le soleil, et sa déclinaison étant presque la même que celle de cet astre, elle se couchait cosmiquement l'un de ces jours. Remontant à notre

point initial, 28 siècles avant l'ère chrétienne,
nous trouverons que Fomalhaut avait alors
278° 50 min. d'ascension droite ; elle s'était
donc avancée depuis cette époque de près de
30°, ou d'un signe. Si à 309° nous ajoutons,
en allant vers l'est, 180°, nous tomberons au
129° 34' au-delà de l'équinoxe du printemps.
L'ascension droite de Régulus était, 550 ans
avant notre ère, d'environ 118°, et les étoiles
du milieu de la constellation, dont celle-ci
fait partie, étaient de 10 à 11° plus orientales, ou avaient 128 à 139° d'ascension. Or,
nous avons vu que la constellation de la
Coupe, vers la même époque, ou 2800 ans
avant notre ère, était formée par les étoiles qui
composent la moitié postérieure et orientale
de la constellation précédente, celle du
Lion. Ainsi se perpétuait le souvenir des premières observations astronomiques relatives
aux solstices. C'est probablement encore par
suite de l'observation de la marche de Fomalhaut que les astronomes chinois se déter-
minèrent à reculer le commencement de leur
année ; peut-être même encore à l'égard des
Égyptiens, d'autres circonstances concomi-
tantes, comme les premiers jours de la mois-

son, la fête des sacrifices, concoururent-elles
à l'annotation de cette étoile. Nous devons
donc présumer qu'on attacha à l'astérisque de
la constellation de Persée, et qui désigne sa
première étoile, une signification aussi im-
portante. On voit en effet, par le zodiaque
du portique du grand temple de Dendérah,
que Noé ou Xisuthros, placé dans une nacelle,
compose l'emblême de cette constellation, ou
qu'elle lui était consacrée. Sa dénomination
d'*Inachides* paraît en dériver.

Des cercles synodiques ou de conjonctions
formèrent, lorsque l'astronomie fut plus per-
fectionnée, un troisième et dernier signe in-
diquant des observations célestes; aussi n'af-
fecte-t-il que les zodiaques de Dendérah,
tous postérieurs à l'ère de Nabonassar, d'un
style plus pur que celui des autres, et qui
semble annoncer une touche grecque. Le
grand Chien ou le Cynocéphale de MM. Jollois
et de Villiers, le Porcher des mêmes ou la
portion orientale de Pégase, remarquable par
l'étoile *Algénib*, les sacrifices, ainsi désignés
par ces savans, ou la portion occidentale de
Pégase, le Cocher, Andromède, la tête de
Méduse et la Balance; voilà les constella-

tions auxquelles on fit l'application de ce signe
de rappel. Leurs premières étoiles servirent
de point de mire.

Dans quelle vue les astronomes égyptiens
employèrent-ils ces signalemens? La réponse
à cette question est facile et découle naturellement de ces observations. Si l'on en excepte
la constellation du grand Chien, dont le cercle
synodique indique la période sothiaque, tous
ces signes sont relatifs aux points équinoxiaux,
mais plus spécialement à celui du printemps
(*primum minutum*). On s'attacha à remarquer
les étoiles qui en étaient éloignées, tant à l'est
qu'à l'ouest, d'un espace équatorial d'environ 30° ou d'un signe. On établit ainsi un
rapport constant entre l'état actuel du ciel et
celui qu'il présentait dans ces temps reculés,
où les dernières étoiles du Taureau se trouvaient à l'équinoxe du printemps. Sous des
considérations cosmogoniques, cette constellation se lie, comme nous l'avons vu, à
celle du Bélier, et peut-être se proposa-t-on
aussi de rappeler le souvenir de ces années
primitives de deux mois, qui, selon Censorin,
furent d'abord en usage chez ce peuple.

Les zodiaques d'Esné n'offrent aucune figure que l'on puisse rapporter à la constel-

lation du grand Chien. J'en conclus que la période sothiaque n'avait pas encore été instituée, et qu'elle ne remonte point à 2782 ans avant notre ère, ainsi que Fréret l'avait avancé, d'après un passage de Syncelle, dont il n'avait point bien compris le sens.

La figure d'un chien, ayant les membres d'un singe et placé dans un bateau, figure propre aux zodiaques de Dendérah, indique le coucher acronyque de l'étoile principale de cette constellation, ou de Syrius. A l'époque où le zodiaque du portique du grand temple fut construit, elle avait 71° 32 min. d'ascension droite ; son arc semi-diurne étant alors, pour la latitude de Thèbes, de 5 heures 35 min. (la réfraction non comprise), elle cessait d'être visible vers le 10 de mai, et annonçait ainsi, par sa disparition, un accroissement du Nil assez sensible.

J'aurais pu distinguer un quatrième signe de rappel, formé de deux traits réunis, par un bout, en manière d'angle ou de chevron. Il est particulier au zodiaque circulaire de Dendérah ; constellation des Poissons, et représente leur lien, mais dans une situation inverse de celle qu'il présente sur les zodiaques d'Esné. Ici, il est antérieur ; et là, comme aujourd'hui, il unit les deux Poissons par leurs extrémités postérieures A l'époque de la construction des zodiaques de Dendérah, la première étoile de ce signe était fort rapprochée du colure de l'équinoxe du printemps; le sommet de l'angle l'indique, de même que la figure du cours d'un fleuve, placée entre les Poissons, annonce qu'au lever acronyque de cette constellation, les eaux du Nil avaient atteint le maximum de leur hauteur.

Sur le zodiaque du portique du grand temple d'Esné, les deux Poissons sont dans une direction verticale, avec la tête en haut, au lieu que sur les autres zodiaques, cette direction est transverse. Lorsque l'on fit le premier de ces zodiaques, la constellation des Poissons était entièrement au-dessous de l'équateur : telle est la raison de cette différence.

L'emploi de ces données et de quelques autres faits astronomiques qui en sont le résultat, m'a fourni le moyen de déterminer, je ne dirai pas d'une manière rigoureuse, mais approximative, et d'autant plus rapprochée de la vérité qu'on s'éloigne moins de notre ère, les âges de ces monumens astronomiques. Outre que les observations, dont ils nous retracent le souvenir, n'ont pas été, faute d'instrumens convenables, à l'abri de quelque erreur, il est aisé de sentir que ces sortes d'inscriptions particulières ne sont point susceptibles d'une précision mathématique.

Lorsque je dis les âges de ces zodiaques, je suppose qu'ils ont été faits à des époques concordantes avec l'état du ciel, tracé sur chacun de ces monumens. Si des astronomes de nos jours en élevaient de semblables, je crois qu'ils ne sacrifieraient point leurs observations à celles des siècles précédens, et que leur propre gloire, ainsi que l'intérêt de la science, leur prescriraient cette conduite. Il me semble peu naturel de penser que ces monumens soient mémoratifs d'un ordre de phénomènes très-antérieur à leurs auteurs (1). Cependant, serait-il possible que lorsqu'un édifice monumental aurait été achevé ou réparé, au bout d'un temps plus ou moins considérable, depuis sa construction, on eût, pour constater l'époque à laquelle elle avait eu lieu, antidaté un zodiaque dont on aurait embelli la partie surajoutée ? Ici l'amour de

---

(1) Le plus ancien zodiaque, celui du portique du grand temple d'Esné, est postérieur aux premières observations astronomiques.

la vérité aurait imposé silence à l'amour-pro-
pre. Dans tous les cas, au surplus, l'antiquité
de ces observations astronomiques ne change
point, et supposé que l'on adopte la chronologie de la Vulgate, il s'ensuivra simplement que les plus anciennes sont antédiluviennes. On remarquera aussi que des inscriptions faites au sujet de quelques réparations
peuvent rajeunir des monumens et nous éga-
rer même à l'égard de leurs fondateurs, si
nous sommes privés de renseignemens positifs.
N'avons-nous pas vu de nos jours l'un des plus
beaux édifices de l'Europe, élevé par nos rois,
chargé à profusion du chiffre de son restau-
rateur, et qui eût fait croire aux générations
futures que ce monument était son ouvrage,
si les fastes de l'histoire, ainsi qu'une gratitude
perpétuelle, ne prévenaient point, par leurs
témoignages, contre les dangers de l'illusion?

1°. *Zodiaque du portique du grand temple
d'Esné.* Avant
l'ère
chrétienne

Les premières étoiles du Bélier étant encore, Vers
2550.
ainsi que l'indique le symbole de la reproduction, placé au-dessus de sa figure, à une distance sensible de l'équinoxe du printemps,

son colure passait entre la première étoile de
Persée (1), marquée d'un astérisque, et la première du Bélier, à une distance presque égale,
d'environ un degré et demi ; la première à
l'est et la seconde à l'ouest. Les Pléïades (les
Cercueils, zodiaques de MM. Jollois et de
Villiers) étaient, comparativement au zodiaque suivant, plus éloignées de l'équinoxe du
printemps. Ce zodiaque n'offre que vingt-une
constellations, dont neuf extra-zodiacales.
Par ce motif et la composition de quelques-
uns de ses hiéroglyphes, comparés avec ceux
des zodiaques suivans, il est bien plus simple
et bien plus ancien. On n'y voit aucun symbole relatif au déluge. Dans un Mémoire sur
la chronologie égyptienne (2), j'avais fixé le
commencement du règne d'*Osymandyas* à
2585 ans avant notre ère, et je lui avais at-
tribué, sur un passage de Diodore de Sicile,
ce zodiaque d'Esné. Mon opinion reçoit maintenant un nouvel appui ; et si, comme je l'ai

---

(1) Son ascension était de 330°, 2630 ans avant notre
ère. J'ai pris un terme moyen.

(2) *Recueil de Mémoires*, chez Déterville, libraire,
rue Hautefeuille, n° 8.

avancé, ce souverain est le même qu'*Apappus le Grand* d'Erathosthène, il est évident que d'après son canon des rois de Thèbes (Syncelle, *Chronog.*), que Menès, le fondateur de l'Empire égyptien, n'est antérieur à Osymandyas que de dix-neuf générations, en supposant, ce que je suis loin d'adopter, qu'elles soient toutes successives et qu'il n'y ait pas eu de double emploi. Ainsi la première dynastie n'aurait guère commencé que 3000 ans au plus avant notre ère (1).

---

(1) Dicéarque, disciple d'Ératosthène, comptait depuis Sesonchosis, fils d'Isis et d'Osiris, jusqu'à Nilus, 2500 ans, et depuis lui jusqu'à la première olympiade, 436 ans. Dans mon opinion (*voyez* plus bas), Orus est le même qu'*Alorus*, premier roi chaldéen, et le même qu'Adam de la Genèse; Sesonchosis me paraît être l'Hosching du Zend-Avesta, le premier des Kéans, Meschia non compris. Nous avons donc depuis Sesonchosis jusqu'à J. C., 4712 ans. La durée des règnes des demi-dieux égyptiens est de 214 ans $\frac{1}{2}$; nous pouvons admettre en compte rond 215. Si l'on en déduit 25 ans pour le règne d'Orus, il restera 190 ans; la monarchie égyptienne, d'après ce calcul, aurait commencé 3522 ans avant notre ère. J'ai dit que la durée totale des règnes des demi-dieux était de 214 $\frac{1}{2}$; car elle était (Syncelle, *Chronog.*, pag. 41) de 855 années (*hori*), de trois mois

2°. *Zodiaque du temple au nord d'Esné.*

Le symbole de la reproduction placé au-dessus de la figure du Bélier, nous apprend que les premières étoiles de cette constellation

---

chacune. Supposé que la durée des règnes des demi-dieux fût plus grande, celle de l'Empire égyptien diminuerait à proportion.

Selon la Chronique d'Alexandrie, Mesraïm (Minotcher), après la fondation de cet Empire, fut s'établir à *Bactra* (Balk), et donna à la Perse citérieure le nom d'*Asoa* de l'Inde majeure. Il y forma ainsi une dynastie particulière, que l'on a pu réunir à celles de l'empire de l'Égypte qui furent contemporaines : de sorte que sur les 19 rois précédant Apappus ou Osymandyas, il faudrait peut-être en retrancher plusieurs. Busiris, dans mon opinion, aurait fondé la ville de Thèbes peu de temps après Menès.

Les temps antérieurs aux demi-dieux sont cosmogoniques, divisés en sept époques, correspondantes aux six jours de la création et à celui du repos, désigné par les Égyptiens sous l'emblème de Typhon. Dans la cosmogonie des Perses, l'âge d'or est de six mille ans, qui embrassent les six signes septentrionaux du zodiaque; le règne d'Ahriman commence au septième, celui de la Balance, qui forme le septième mille. Les planètes interviennent encore dans ces cosmogonies.

étaient voisines de l'équinoxe du printemps. La dernière des Pléïades s'y trouvait vers 1840; ainsi 80 ans plus tôt, ou vers 1760, le colure de cet équinoxe passait entre ces étoiles et la dernière de la queue du Bélier.

Les figures de MM. Jollois et de Villiers, distinguées par le nom de *Cercueils*, me paraissent se rapporter à deux constellations ; celle qui représente une momie dans un bateau, me semble désigner le coucher acronyque des Pléïades ; la figure à la gauche de la précédente, celle où l'on voit un personnage faisant l'office de juge, et qui rappelle le souvenir d'une cérémonie religieuse des Égyptiens, le jugement des défunts, me paraît s'appliquer à la constellation du Triangle, dont le dessin hiéroglyphique varie. *Algol*, ou la seconde de Persée et la première du Bélier, étaient éloignées d'environ 21° (à l'ouest) du même équinoxe.

D'autres circonstances astronomiques, indiquées sur ce zodiaque, paraissent confirmer la date que nous lui assignons. Le colure de l'équinoxe d'automne passait alors entre les premières étoiles du Scorpion, à égale distance d'*Antarès* et de la première de la Balance. La constellation de la Chevelure de

Bérénice (*Phallus*, zodiaque de MM. Jollois
et de Villiers) se levait à la mi-janvier, à six
heures et demie du soir, un peu avant que
les premières étoiles de la Vierge se mon-
trassent aussi sur l'horizon (1). La première
(*Arcturus*) du Bouvier, constellation dont
l'emblême placé d'abord avant la Balance, est
reproduit ensuite après, avec le même dessin
(*Janus* et *Serpentaire*, zodiaques des mêmes),
se levait aussi à la même heure vers le 13 février, et se couchait à près de sept heures un
quart vers le 15 septembre, peu de jours avant
que le soleil entrât dans la constellation du
Scorpion. La première de la Couronne bo-
réale, le 1er mars, se levait vers six heures et
demie du soir, et immédiatement avant les premières de la Balance. Le 25 novembre, le soleil entrant dans la constellation du Capricorne, la première de l'Aigle se couchait vers
six heures du soir. Une demi-heure après,
au 9 janvier, le soleil étant dans le Verseau,
se couchait la première du Cygne. Les Pléia-
des se couchaient vers sept heures du soir, le
5 mars, et se levaient à la même heure, le

_____

(1) Sous le parallèle de 25° nord.

8 octobre. Les premières étoiles de la constellation du Cancer se trouvaient sous le colure du solstice d'été.

Le *Crocodile* remplace le serpent ; sa première étoile ayant alors 190° 6 min. d'ascension droite, se couchait acronyquement peu de jours après l'équinoxe d'automne. L'animal (*Nephtée*, Tabl. des zodiaques de MM. Jollois et de Villiers) est figuré soit seul, soit sur le dos d'un être allégorique représentant la grande Ourse, et qui retient d'une main, au moyen d'une chaîne, les pieds postérieurs de l'animal, symbole de la constellation du Renard, et située près de celles du Cygne et de la Lyre. On embrassait ainsi l'espace d'un demi-cercle ; l'une de ses extrémités, à partir du Cancer, désignait le point où le mauvais génie avait commencé à exercer son influence ; et l'autre extrémité les limites de son pouvoir, ou du moins de sa décadence. La grande Ourse était placée intermédiairement au-dessus des autres constellations précitées. Le dessin du Cancer, tant sur ce zodiaque que sur le précédent, est tellement informe, qu'on pourrait aussi bien y voir un crabe qu'un pilulaire (*ateuchus*), et qu'un *nepa* ou *hepa* avec dix pattes (*octipes*). Mais il n'en est pas ainsi sur les zodiaques de Dendérah; sur celui du portique du grand temple, l'on reconnaît très-bien la figure d'un pilulaire ou *scarabée sacré*, et sur l'autre, une espèce de crabe, d'une forme analogue à celle d'une leucosie ou d'un pinno-thère.

Je présume que ce second zodiaque d'Esné fut fait sous Aseth, peut-être l'Ison de Censorin, qui ajouta à l'année des Égyptiens les cinq jours épagomènes, rétablit l'Empire et devint le chef d'une célèbre dynastie, la 18e. Par des tâtonnemens historiques, j'avais placé en 1702 le commencement d'Amosis, son successeur. La période sothiaque fut instituée vers la fin de cette dynastie, sous Mémophis, et près d'un siècle avant la prise de Troye. Ce même siècle ferait encore époque, si, d'après les recherches de Bailly, les observations astronomiques des Grecs, les plus anciennes, sont de cet âge.

3°. *Zodiaque du portique du grand temple de Dendérah.*

L'étoile *alpha* de la constellation de la Balance ayant 186° 19 min. d'ascension droite, le point équinoxial répondait presque au premier degré de ce signe. Sur le zodiaque suivant, postérieur d'environ 120 ans, il était presque à égales distances de la même étoile et de la première de la Vierge, ou l'épi. Il semble qu'on a voulu faire pressentir cette différence, par la manière dont Horus est ici placé; car il est positivement au-dessus de la tige de la Balance. Les cercles synodiques renfermant ces figures, dénotent ainsi l'équinoxe d'automne.

Algénib (le Porcher, *Tableau général des zodiaques*, de MM. Jollois et de Villiers) avait 329° 6 min. d'ascension droite.

Celle de la Chèvre ou de la première du Cocher était de 330° 8 min.

Aldébaran était presque à la même distance (près de 31 degrés) de l'équinoxe du printemps, mais à l'est. Les étoiles du sommet du Triangle et les dernières de la tête de la Baleine confrontaient avec lui. Un renard et un cynocéphale réunis dos à dos et gardés par une harpie, symbole de la vigilance, composent l'emblème de la première de ces constellations. Il indique la fin des maux attribués à Typhon, ainsi qu'une portion de l'espace céleste, qui était censé lui appartenir.

Ce zodiaque daterait du commencement du

4

règne de Psammitichus, qui augmenta le temple de Vulcain et embellit l'Égypte de plusieurs monumens. Il permit aux Grecs d'y bâtir des temples. Je ne sais si l'histoire de ces douze rois, dont il est parlé à son sujet, ne voile point un fait géographique, comme la construction de la première carte de l'É-gypte, sa division en autant de nomes que de signes, la consécration de ces nomes à des constellations zodiacales ou à des planètes, en un mot quelque idée de cette nature.

Vers 550.

4°. *Zodiaque circulaire de Dendérah.*

Sous Amasis, peu de temps avant la conquête de l'Égypte par Cambyse. Il abolit l'usage des sacrifices humains, et remplaça les victimes par des figures de cire. Peut-être voulut-on indiquer ce changement par le cercle synodique, propre au groupe d'étoiles composant la portion occidentale de la constellation de Pégase, où se trouvent ses deux premières étoiles. La première, ou *markab*, était à 45° environ de l'équinoxe du printemps, du côté de l'ouest, et par conséquent à égales distances de ce point et du solstice d'hiver.

L'étoile *gamma* de Persée et la seconde de Cassiopée n'étaient éloignées que de 4 à 5 min. de l'équinoxe du printemps. *Algol* ou la seconde de Persée s'en écartait vers l'est d'un peu moins d'un degré. L'ascension droite d'*Algénib* ayant peu changé depuis la construction du zodiaque précédent, on conserva le cercle synodique, caractérisant la position de cette étoile.

Les dates de ces zodiaques se rattachent à des souvenirs historiques mémorables, et semblent acquérir par-là une nouvelle autorité : car l'astronomie, de même que la plupart des autres sciences, ne brille jamais avec plus d'éclat que sous des souverains illustres, et dont les règnes sont pour l'histoire comme autant de phares.

SECTION TROISIÈME.

DE LA COMPOSITION DES ZODIAQUES ÉGYPTIENS.

Selon les Sabéens, la durée du Monde était fixée à douze mille ans. Ormusd employa les trois premiers à former le ciel ; de concours avec Ahriman, auteur du mal, il employa

les trois mille ans suivans à changer la face
de la terre, qui était comme brûlée par les
Kharfesters, la rendit habitable, créa les
plantes, les animaux et le premier homme,
ou Kaïomorts (1). Il fut aidé dans ce qui lui
fut propre par le génie Taschter (2), l'un de
ses ministres; ce qui nous rappelle le dieu
Mercure venant immédiatement après le soleil et la lune, ou le troisième dans la hié-
rarchie théogonique et astronomique. Ces
six mille ans composent l'âge d'or; et cet
espace de temps, plus ou moins étendu, selon
la manière de diviser les années, sert d'introduction à l'histoire de divers peuples.
Chaque millénaire embrasse un signe du
zodiaque, à commencer à celui du Bélier.
Au septième, une lutte s'engaga entre Ormusd et Ahriman; un homme et une femme,

---

(1) Le *puen-chu* ou *puon-chu* des Chinois?

(2) *Voyez* plus bas l'explication du Sagittaire. Les
trois signes d'hiver, savoir, le *Capricorne*, le *Verseau*
et les *Poissons*, forment l'introduction de cette cosmogonie. « Les Izeds célestes, pendant quatre vingt-dix jours
et quatre-vingt-dix ans, combattirent dans le monde
contre Ahriman et les Dews. » *Zend-Avesta*, tom. II,
pag. 355.

Meschia et Maschiané, sortent de Kaïomorts et se multiplient. Les premiers arts sont inventés et les distinctions des castes sont établies. Ahriman triomphe au troisième millénaire et règne seul pendant les trois derniers mille ans. Au bout du douzième, son empire cessera, l'Univers sera revivifié et purifié; son ennemi étant vaincu, le pouvoir d'Ormusd n'éprouvera plus d'obstacles.

La série des symboles (1) des zodiaques égyptiens m'a paru généralement coordonnée à cette marche cosmogonique, à partir du quatrième millénaire. La lutte d'Ahriman ou de Typhon contre Ormusd était censée avoir commencé lorsque le soleil entra dans la Balance. Sur ces zodiaques néamoins on l'a anticipée de trois signes, ou jusqu'à celui du *Cancer*, production d'Ahriman : nous en donnerons bientôt la raison. On verra aussi que le sens primitif des symboles de cette

---

(1) Je ne parlerai point de ceux que j'ai expliqués précédemment, ni de quelques autres suffisamment connus. Je n'exposerai que certaines idées principales, et qui pourront servir un jour de base à un travail complet sur la mythologie.

constellation et de celle de la Balance fut
purement allégorique : d'où il résulte que des
auteurs, dans leurs recherches sur les anti-
quités des zodiaques, ont établi leur sys-
tème sur une supposition absolument erronée.

Considérées relativement à leurs sujets, les
figures symboliques pourraient être distri-
buées dans l'ordre suivant : cosmogoniques,
physiques, historiques, religieuses et tech-
niques ou relatives aux arts. Mais quelques-
unes ayant une double signification, je suivrai
un ordre astronomique, en prenant pour
guide le *Tableau général des zodiaques* de
MM. Jollois et de Villiers, ouvrage très-re-
commandable et fort utile par son ordonnance comparative.

Plusieurs de ces allégories se rapportent,
ainsi que j'en ai prévenu, au déluge. Le *lion*,
quoique l'emblème d'Osiris ou du soleil et de la
royauté, nous en offrira un premier exemple.
Les dénominations du troisième mois des
Égyptiens et des Abyssins, *athïr, adher* et
celle de *dréthari* du quatrième mois des Ar-
méniens, qui commence au 9 novembre,
pourraient bien dériver des mots *schir* et
asder, sous lesquels cet animal est désigné en
ancien Persan et en Zend.

D'après quelques traditions, le déluge serait arrivé à une époque qui correspondrait avec l'un des jours de ce mois; c'est le 17 du second mois de l'année (commençant alors en septembre) selon la Genèse. C'est encore le 17 d'un mois de l'année égyptienne, et qui peut-être était aussi alors le second, celui d'*athyr*, que Plutarque fait embarquer Osiris. Les cinq jours épagomènes n'étant pas encore institués, ce jour répondrait au 10 novembre; il tomberait, dans les mêmes conditions, au 20 novembre de l'année arménienne. Berose, qu'on a cité pour le même sujet, dit simplement que Saturne, le 17 du mois de dœsius, prévint Xisuthros du déluge, mais il ne fait pas mention du jour où l'inondation commença.

Le zodiaque du portique du grand temple de Dendérah nous montre Horus retenant d'une main la queue du Lion (1), mais ayant l'autre main armée d'une hache; il est placé sur un rivage. Le Serpent, emblême du mauvais génie, a déjà la forme courbe d'une nacelle; sa tête n'est pas entièrement développée ou paraît mutilée. Sur le zodiaque circulaire de la même ville, le reptile est entier,

---

(1) Cela se voit aussi sur le zodiaque d'Esné.

*

parfaitement contourné en manière de barque, et porte Horus avec un oiseau, probablement un pigeon de l'espèce de ceux que l'on appelle *pigeons d'Alep, couriers* ou *messagers.*

L'*Hydre* (1). La vipère *Haje* et le Ceraste, zodiaque du portique du grand temple d'Esné, ont fourni le type de cet emblême. Ces deux serpens sont réunis sur ce zodiaque; mais le premier a deux têtes, une à chaque bout, avec quatre ailes; un bousier sacré (*ateuchus sacer*) est placé à chaque extrémité de l'Hydre, sur le zodiaque du portique du grand temple d'Esné. Symbole d'Osiris et de la régénération, cet insecte fait ici opposition avec l'Hydre ou l'emblême du mauvais génie. La figure d'un Sphinx, située au-dessus des précédentes, et couronnée par celle du symbole de la reproduction, mais exprimée de

_____

(1) En comparant ces zodiaques avec les planisphères de Kirker, il semblerait que l'*Hydre* correspond à cette partie du ciel, qu'occupe la constellation du *Petit-Lion*, et que le *Dragon* répondrait à celle du *Lynx* et à quelques autres étoiles voisines. L'Hydre est quelquefois remplacé par un Loup, ou peut-être un Chacal. Le Lézard marin et d'autres étoiles voisines sont encore représentés sous la forme d'un Serpent.

la manière intégrale, dont nous avons parlé à la page 29, forme avec le même emblême un nouveau contraste. Sur le zodiaque du temple, au nord d'Esné, et sur celui du portique du grand temple de Dendérah, l'hydre est renfermée dans un carré et repliée en manière de chaîne. Ici, l'on voit en outre la répétition de la figure du Serpent, telle que nous l'avons exposée, en traitant de la constellation du Lion. Elle est encore reproduite sur le zodiaque circulaire de la même ville, mais avec les mêmes modifications, et sans être accompagnée d'aucune des figures de l'Hydre, décrites ci-dessus.

Retranchez la moitié antérieure du corps du Lion, et conservez d'ailleurs ces mêmes figures, vous aurez celles qui distinguent la constellation dite la *Coupe*. Celle du *corbeau* ou de la *colombe* (voyez ci-dessus) est intermédiaire. L'oiseau, sur le zodiaque circulaire de Dendérah, est placé au-dessus de l'extrémité postérieure du serpent.

L'un des planisphères égyptiens publié par Kirker (Dupuis, *Origine des cultes*, atlas, pl. 6), représente un grand fleuve (l'Éridan) descendant du pôle, et dans lequel on voit un homme renversé et qui se noye. C'est évidemment l'emblême de l'inondation diluvienne, produite par le débordement des rivières venant des montagnes du Nord.

La figure symbolique que MM. Jollois et de Villiers nomment *Phallus*, n'est propre qu'au second zodiaque d'Esné : c'est la Chevelure de Bérénice. Un arbre portant sur ses branches un quadrupède et un oiseau, remplace cette figure sur un des planisphères de Kirker. (Dup., *Orig. des cultes*, atlas, pl. 5.)

La *vierge Cérès*. Sa figure, telle que la présente le zodiaque du portique du grand temple d'Esné, ne paraît pas avoir de rapports avec les figures modernes de ce signe, ni avec la moisson. C'est un guerrier, portant un bonnet persan et tenant d'une main une lance. On voulut représenter l'inventeur de la culture du blé(1),

---

(1) Le riz, selon d'Herbelot ; mais cette dénomination est probablement synonyme de celle de froment, ainsi qu'on peut le déduire d'un passage de Syncelle, *Chronog.*, pag. 28, extrait de Polyhistor, et relatif aux productions de la Babylonie, ou du pays situé entre le Tigre et l'Euphrate : *Tum ex eâ, frumentum agreste, hordeum, ochron et sesamon, ac in paludibus esthieston radices enasci*, etc. Shin-Nong, second empereur de la Chine, apprit à ses sujets à semer cinq sortes de grains ; et la culture du ver-à-soie fut introduite sous son successeur.

J'ajouterai, par occasion, que la culture de l'abeille

Tehmourets, le *Thahamurath* de d'Herbelot.
Il l'introduisit, ainsi que celle du ver-à-soie,
dans le Tabéristan, au sud-ouest de la mer
Caspienne, à peu de distance de l'Arménie.
Ses grandes victoires lui valurent les qualifi-
cations de héros des héros, de vainqueur des
géans, et voilà le fameux Triptolème, trois
fois victorieux ou très-victorieux des Grecs.
L'origine de la culture du ver-à-soie coïncide
dans l'histoire de la Chine, avec la même
époque, et cela ne serait point surprenant,
d'après le Zend-Avesta, puisque Tehmourets
aurait eu un frère, Khareh, qu'on appelait la
lumière de *Tchin* ou des Sères et des Chinois.
On pourrait dès-lors soupçonner qu'il aurait
fondé dans cette partie de l'Asie une colonie,
à une époque antédiluvienne et précédant
l'invention des lettres.

---

domestique remonte aussi à la plus haute antiquité, et
que l'étymologie de ce mot, ainsi qu'on l'avait déjà
soupçonné, mais sans preuve, dérive du dieu *Apis*;
il est représenté, sur un des monumens égyptiens (*Desc.
de l'Égypt. Antiq.*, tom. III, pl. 87), couvert d'un
manteau, ou d'un drap, dont la surface est toute com-
posée d'alvéoles très-bien imitées, et figurant par leur
ensemble un gâteau d'abeilles.

La *vierge Isis* me semble avoir pour sujet
le lever acronyque de la première étoile d'Andromède ; le premier zodiaque de Dendérah
représente Isis près du rivage, élevant sa tête
au-dessus, avec Horus, au devant d'elle, et
sous la forme d'un petit enfant ; on voit entre
eux la tête du Dragon. Sur l'autre zodiaque,
le circulaire, Isis nue, assise sur une chaise,
ou sauvée du naufrage, montre Horus, mais
sous des dimensions plus grandes ; le Dragon
a totalement disparu. Il est difficile, ce me
semble, de ne pas reconnaître dans ces allégories, des traits de l'histoire du déluge.

Le *Bouvier d'Isis* est le symbole de la constellation du Bouvier et particulièrement du
coucher acronyque de sa première étoile ou
Arcturus. Il désignait aussi la caste des laboureurs. Quelques autres figures accessoires
(zodiaques de Dendérah) sont relatives à des
étoiles circonpolaires, comme la petite Ourse,
et indiquent une parité d'ascensions droites.

Le *Bouvier de Cérès* annonce le lever acronyque d'Arcturus, pour le ciel de Dendérah,
et à une époque où l'on commençait la moisson.

L'un des planisphères de Kirker offre au-dessus de la figure du Bouvier d'Isis, celle d'une nacelle avec une rame. Dans l'autre planisphère, la même nacelle, mais plus ornée, est placée plus près du pôle, chargée de végétaux, d'un lion en arrêt, et porte en outre à une de ses extrémités Isis ou un personnage analogue. C'est une nouvelle corne d'abondance; celle que produit la navigation et le commerce; d'autant plus que les zodiaques de Dendérah offrent très-près de là, ou immédiatement à la suite de la constellation désignée par MM. Jollois et de Villiers, sous le nom de *Janus*, celle du Vaisseau. Ces savans réunissent cette figure du planisphère de Kirker avec celle qui représente la baleine ou le lion marin; mais, quoique leurs significations puissent être les mêmes, la situation de la première me semble indiquer que les étoiles supérieures de la constellation du Bouvier, ou quelques-unes de celles du Dragon, placées au-dessus des précédentes, ont été le sujet de cette figure. Ces étoiles, ainsi que les autres voisines du pôle, servaient de boussole aux navigateurs, particulièrement dans leurs voyages dans l'Inde : les vents étésiens qui pouvaient les y porter commençant à souffler en avril, et ceux qui pouvaient les ramener, au moyen d'une direction contraire, soufflant six mois après.

La figure appelée *Janus* détermine les limites de l'empire d'Ormusd et d'Ahriman, du côté de l'équinoxe d'automne. Sur le second zodiaque d'Esné, Janus (*Sagittifer*) précède la Balance, tandis que le Serpentaire, représenté de la même manière, vient immédiatement après. Sur les zodiaques suivans, Janus a les attributs du Bouvier d'Isis, mais avec deux têtes, celle qui lui est propre et celle du Serpentaire. Si, en effet, nous remontons à dix-huit siècles environ avant l'ère chrétienne, nous trouverons qu'Arcturus, et la première étoile de cette dernière constellation, étaient presque également distantes de l'équinoxe d'automne.

La constellation de la *Balance*, par son éloignement du même équinoxe, ne put désigner primitivement l'égalité des jours et des nuits; elle indiquait symboliquement les premiers combats d'Ahriman et d'Ormusd.

Le *Serpentaire* ou l'Apollon pythien est l'emblême de la médecine et des psylles, ou de l'art d'enchanter les serpens.

Hercule désignait la caste militaire, et faisait encore allusion à la découverte du fer et à la manière de le forger.

L'*Autel* (zodiaque du portique du temple de Dendérah, dodécan du Scorpion). Sur l'un des planisphères de Kirker (Dupuis, *Origine des cultes*, atlas, pl. 6), on voit près du pôle la figure d'un autel. Elle est remplacée sur l'autre (*ibid.*, pl. 5) par l'image d'un homme à genoux et suppliant. La situation de ces figures me paraît convenir à la constellation de Cassiopée. Près de la première est placé un emblême du déluge, le fleuve débordé dont j'ai parlé plus haut. Si l'on se rapelle ce passage (chap. 8, vers. 20) de la Genèse, où il est dit que Noé ayant échappé à ce cataclysme, éleva un autel et offrit à Dieu, en action de grâces, un sacrifice, l'explication de ces emblêmes se présentera naturellement. Des instrumens de sacrifice, des membres de victimes humaines, une étoile (*wega*), un bateau, au milieu duquel est une écluse fermée, etc., tels sont les objets qui, sur le zodiaque du portique du grand temple de Dendérah, composent la figure symbolique de l'autel, et relative encore, par ses détails, au même événement.

Avec le secours du Zend-Avesta, il ne sera

pas moins facile de découvrir le sens des figures zodiacales, dont le signe du *Sagittaire* est l'objet. Elles sont le symbole des vents chauds et humides, ou de ceux du sud-ouest. Le génie Taschter est représenté, dans cette cosmogonie, comme formé de trois corps, ceux de l'homme, du bœuf et du cheval, emblêmes de l'intelligence, de la force et de la vitesse. Il enlève l'eau de la pluie et la répand sur les keschvars ou cantons.

La *Lyre* était le symbole de l'astronomie, de la musique ou de l'harmonie, et représentait en un mot notre Apollon. Par ses accessoires elle rappelait à la mémoire le déluge : *voyez* le zodiaque du temple au nord d'Esné. Sur ceux de Dendérah, la figure primitive a été remplacée par une autre, non moins ingénieuse, celle de la boîte de Pandore, ou la fin des calamités diluviennes. Des médailles égyptiennes où l'on voit le sphinx avec la lyre ou le sphinx avec des ailes, confirment ce que j'ai dit au sujet des constellations du Lion et de la Lyre à l'époque du déluge.

La constellation de l'*Aigle*, à une époque très-ancienne (zodiaque du temple au nord d'Esné), se couchait acronyquement près de deux heures avant que Fomalhaut et Wega se plongeassent sous l'horizon. Pour représenter allégoriquement cette constellation, à laquelle on joignait peut-être celle du Dauphin, au corps du phoque, on adapta les quatre ailes qu'on avait données au vautour dans l'emblême de la constellation de la Lyre (1). Elle n'est point distinguée de celle de la *Flèche*, sur les zodiaques d'Esné, ni sur celui du portique du temple de Dendérah. MM. Jollois et de Villiers rapportent à celle-ci une figure de l'un des planisphères de Kirker (*Dupuis*, pl. 5), placée dans le dodécan des Gémeaux, mais elle représente le coucher acronyque de Syrius. Le lever acronyque de cette étoile coïncidant avec le coucher acronyque de Fomalhaut, me paraît avoir été désigné sur ce planisphère, dodécan du Capricorne, par l'allégorie

---

(1) 1560 ans avant J. C., le colure du solstice d'hiver passait par le milieu de la constellation du Capricorne et de celle du Dauphin. C'est à une telle coïncidence astronomique que j'attribue l'origine du dieu *Dagon* des Philistins, autrement *Derceto, Dagutus, Piscis Porcus*, etc. On se rappellera que chez les peuples du nord de l'Asie, le signe du Porc répond à celui du Capricorne.

d'un Anubis assis sur la figure de cet animal et le retenant au moyen d'une chaîne (1).

Les figures nommées par MM. Jollois et de Villiers , les *Sacrifices*, le *Porcher*, ont encore le déluge pour objet. Le *Porc* (2), représenté dans la dernière , l'indique (voyez mon *Recueil de Mémoires*). *Céphée*, *Cassiopée* et *Andromède* se rangent dans la série des

---

(1) Sur un autre planisphère du même zodiaque , le dodécan du Cancer présente un Anubis ou un Osiris à tête de loup, perçant d'une lance cet animal placé dans le dodécan suivant, celui du Lion. Il me semble que cette figure se rapporte plutôt au lever acronyque de Syrius qu'à son lever héliaque. La tête de l'Ibis ou de la Cygogne , et la queue de l'Écrevisse , figures symboliques du Cancer , ne peuvent s'appliquer qu'au mois de décembre. Les oiseaux de passage , qui détruisaient les insectes et autres reptiles , n'arrivaient que lorsque le Nil était rentré dans son lit. Autrement la première de ces figures n'aurait aucun sens.

(2) Ce signe précède immédiatement celui du *Rat*, et comprenait primitivement la fin de novembre , et les jours de décembre précédant le solstice d'hiver. Le déluge ayant eu lieu dans cet espace de temps , l'animal devint un emblème du mauvais génie , un sujet commémoratif de ce cataclysme , et une victime dans le sacrifice perpétuant ce souvenir.

mêmes emblêmes historiques. Les deux premières étoiles de Pégase sont le sujet de la
figure symbolique des sacrifices. *Céphée* ou
Osiris rétablit l'ordre de la nature et devient
le symbole du passage de l'hiver au printemps. Les figures allégoriques de la constellation du *Triangle*, zodiaques de Dendérah, ont la même signification.

Deux yeux forment, sur le second d'Esné,
l'emblême de la constellation de la *Tête de
Méduse*. Les Éthiopiens et les Arabes, les
Tazians du Zénd-Avesta, les *Arabiti* de Ptolémée, et parmi lesquels on signalait plus
particulièrement des hommes se couvrant de
diverses sortes de peaux d'animaux, sans
mœurs et sans foi, s'adonnant à la magie,
consacrant le temps du repos à leurs brigan-
dages et à des réjouissances accompagnées
de musique, les *Rhamnae* de Ptolémée, ou
les hommes que nous appelons *Bohémiens*,
Zingari, *Zigeynes*, et qui sont les *Tchin-
ganes* des géographes modernes. Ces peuples
étaient regardés par la race caucasique blan-
che comme des monstres, des êtres exécra-
bles, destinés à l'esclavage ou à la mort, et
que l'on peignait allégoriquement sous la
figure de cyclopes, ainsi qu'on le voit par les

5.

monumens égyptiens. (*Descript. de l'Égypt.*
Antiq., tom. I, pl. 63.) Ce sont les géans ou
les hommes effrayans de l'Écriture, les Kour-
vans de l'histoire primitive de l'Inde (1), les
cyclopes et les telchines des Grecs et des
Romains, les méduses de la mythologie, et
peut-être les lamies et les satyres. Ils furent
chassés de la Perse méridionale par Féridoun (2), le même, à ce que je crois, que Noé,

---

(1) Lorque Féridoun parut, il fit fuir les Arabes du
désert (l'infernal, l'impie, le noir de peau) des villes
de l'Iran, et les obligea d'habiter les bords du *Zaré.*
Après avoir mis en fuite les Tazians, il recouvra les
villes de l'Iran. *Zend-Avesta,* tom. II, pag. 397.
Voyez encore Anquetil, *Recherches historiques et géographiques sur l'Inde,* pag. xxxiii et xxxiv, note *a,*
relativement à l'étymologie de *Mahabarat,* et à laquelle
se rapporte probablement celle du mot *arabiti.* Les passages du périple d'Hannon, concernant les Gorilles, ce
que raconte Marc-Paul des démons, à l'occasion de son
passage dans le désert de la petite Bucharie, etc., me
paraissent s'appliquer à ces Bohémiens.

(2) La généalogie de Zoroastre, telle qu'elle est pré-
sentée dans le Zend-Avesta, remonte, sans interrup-
tion, jusqu'à Minotcher, descendant de Féridoun, de
manière que de la dynastie des rois persans, dite celle
des Peischadiens, l'on passe, par filiations, à celle des

et tel est le sujet de la constellation de *Per-sée*. Dans une des fêtes religieuses qui se célébraient dans le Kerman, l'on portait des figures d'yeux malades (Anquetil, *Zend-Avesta*), allégorie parfaitement analogue à celle de la constellation de la tête de Méduse.

La figure de Persée du zodiaque du portique du grand temple de Dendérah semble, ainsi que je viens de le dire, convenir à Noé. L'emblême en forme de livre, composé de cinq feuillets et sur le dernier desquels sont des hiéroglyphes, qui accompagne cette figure, paraît faire allusion, soit à la découverte de l'Écriture, soit au recueil des traditions que Xisuthros préserva de l'inondation.

Kéaniens. N'admettant point de lacune (et Bailly l'avait fait avant moi), j'avais présumé, en suivant cette généalogie, que Zoroastre pourrait être Sésostris. Mais il est évident, d'après l'histoire des derniers rois de la seconde dynastie, qu'il y a un vide considérable entre elle et la première ; le commencement de l'autre ou de la dynastie des Kéaniens ne date que d'environ sept siècles et demi avant l'ère chrétienne, ou de l'ère de Nabonassar. *Ke'kobâd* pourrait bien être l'éthiopien *Sabacon* qui fit la conquête de l'Égypte.

Il nous rappelle aussi la dénomination de *Pantibiblon*, mentionnée dans l'histoire des rois chaldéens (*Voyez*, relativement à Persée, la *Chronique d'Alexandrie*.)

La figure symbolique que MM. Jollois et de Villiers rapportent à la constellation de la *grande Ourse* (zodiaques de Dendérah), est très-singulière et semble d'abord inexplicable. Elle fait allusion au parfum de la civette, à la manière dont les Éthiopiens, représentés sous la forme d'un singe, la retiraient de cet animal, et à l'emploi de ce parfum dans les sacrifices (1).

Je crois, d'après la comparaison des planisphères de Kirker, avec les zodiaques de Dendérah, que la figure de ceux-ci, appliquée à la constellation du grand Chien, par les mêmes savans, désigne la grande Ourse. Cette nacelle, placée près du pôle, et portant le Taureau ou Apis couché, ayant un licou, semble faire allusion au vaisseau diluvien de Noé, et exprimer l'inactivité de la nature et la conservation des germes.

----

(1) L'animal merveilleux qui a du musc sous la queue, la Civette. *Zend-Avesta*, tom. II, pag. 373.

Un animal, d'une forme asséz analogue à celle du renard ou d'une gazelle, et placé sur un plan qui s'élève obliquement, ou sur le penchant d'une montagne, représente symboliquement (zodiaques de Dendérah) la constellation de la *petite Ourse*.

L'histoire de Kaïomorts, de Meschia et Meschiané, ou celle de l'origine de l'espèce humaine, telle que nous la dépeint le Zend-Avesta, a été mise en tableau par les Égyptiens, sur les zodiaques de Dendérah et sur le second d'Esné, constellation d'*Orion*.

Kaïomorts, ou l'homme unique, meurt. De sa substance, propre à la génération, purifiée par le soleil, et ayant resté quelque temps dans la terre, sort une plante, ou plutôt un arbre, et qui produit Meschia et Meschiané, ou le premier couple humain susceptible de se reproduire par les voies ordinaires. Sur ces zodiaques, ces trois sujets sont nus et assis au centre d'une fleur de nélumbo. Le zodiaque du portique du grand temple représente le premier homme et la première femme dans une barque; au-dessus d'eux sont deux emblêmes, dont l'un relatif au déluge et l'autre aux travaux agricoles. On avait reconnu dans la femme, portant l'une de ses mains à la bouche, l'allégorie d'Harpocrate ou du dieu du silence. Mais voici d'autres rapprochemens curieux qu'on n'avait pas encore faits : *Orion*, dans quelques langues orientales, signifie nu. Le nélumbo y est désigné par le nom de père, *Abou ;* sa fleur est rouge, et l'étymologie hébraïque du mot *Adam* indique cette couleur (1). Les habitans de l'*Aria*, contrée qui, selon nous, fut le séjour de sa famille, sont distingués, dans Denis le géographe, par l'épithète de *rouges.* Dans le Zend-Avesta, l'arbre de vie, et qui était réputé procurer l'immortalité, est nommé en Zend *heômo* , de - là l'*amomum* des Latins, l'*hamamat* des Orientaux, et peut-être l'origine du mot *homme.* Le jus et les branches étaient appelés *perahom.* Voilà encore pourquoi, du moins à ce que je présume, les Égyptiens désignaient leurs grands-prêtres sous la dénomination de *Piromis.* Enfin, celle du nilomètre pourrait dériver du *Meschia* de la cosmogonie des Guêbres, mot qui, dans le Zend, répond à celui d'*homme.*

---

(1) Le mot de *minyanthes* peut aussi avoir une origine analogue, *fleur rouge. Mino,* dans l'ancien persan, signifie caché ou céleste.

Les deux figures des *Gémeaux* des zodiaques d'Esné s'appliquent au premier homme
et à la première femme, lorsqu'ils eurent perdu
les avantages qui leur avaient été condition-
nellement promis (1). Ils sont maintenant
représentés couverts d'habits et joignant leurs
mains en manière de supplication. Dans la
cosmogonie des Parses, l'homme, ainsi que
l'Univers, était considéré allégoriquement
dans divers âges. Il y avait aussi pour lui un

_____

(1) « Le ciel lui (Meschia) était destiné, à condi-
tion qu'il serait humble de cœur ; qu'il ferait avec hu-
milité l'œuvre de la loi ; qu'il serait pur dans ses pensées, qu'il serait pur dans ses paroles, qu'il serait pur
dans ses actions, et qu'il n'invoquerait pas les Dews.
En persévérant dans ces dispositions, l'homme et la
femme devaient faire réciproquement le bonheur l'un
de l'autre. » *Zend-Avesta*, tom. II, pag. 377.

« Ensuite Péetlàrèh courut sur leurs pensées ; il ren-
versa leurs dispositions, etc. » (*Ibid.*) Après avoir été
trompés par Ahriman, Meschia et Meschiané se cou-
vrirent d'habits noirs, et formés de la peau d'un chien,
d'après ce qu'il est dit dans un autre passage. Un prolon-
gement de la ceinture, imitant une sorte de queue, caractérise sur plusieurs figures des zodiaques égyptiens,
celle de l'homme. Ce costume a peut-être donné lieu à la
fable des hommes à queue. (*Hommes de montagnes qui
ont une queue. Zend-Avesta*, tom. II, pag. 387.)

âge d'or, celui de la jeunesse. Succédaient les orages des passions, les peines qu'elles entraînent, et qui, croissant progressivement, creusaient peu à peu le tombeau, dernier terme de sa destinée sur la terre. D'autres emblêmes, ceux de l'union conjugale, de la naissance des enfans et de la fraternité, furent substitués au précédent. Apollon et Mars, ou deux divinités analogues, se donnent la main, sur le zodiaque du portique du grand temple de Dendérah, constellation *ibidem*. Réduisez ces figures, ou celles qui représentent l'union conjugale, à de simples traits linéaires, vous formerez la lettre H, signe abrégé de la constellation des Gémeaux.

Le Cancer ou *Nepa*, la petite Tortue, *Tableau des zodiaques* de MM. Jollois et de Villiers, le Dragon (la vipère haje), sont spécialement les emblêmes du mauvais génie. Le Cancer vient immédiatement après le signe des Gémeaux, parce que le sujet de cette constellation est le premier homme et la première femme représentés après leur chute. Le Dragon succède comme emblême encore de l'influence du mauvais génie sur l'inondation diluvienne, qui eut lieu dans le mois d'athyr ou au lever acronyque de la constellation du Lion.

Une autre considération non moins cu-
rieuse, les relations des zodiaques égyptiens
avec la mythologie, celle des Grecs particulièrement, se rattache à mon sujet et devrait
compléter ces recherches. Mais un tel examen,
par sa vaste étendue, m'entraînerait trop
loin et au préjudice de mes études habituelles.
Tracer une route nouvelle qui pût conduire
à cette explication si long-temps et si vainement tentée, a été mon unique but. Si l'on
goûte mes idées, il sera facile de les suivre, d'en
faire cette application, et de donner enfin, sur
la mythologie, un travail qui la réconcilie
avec l'histoire et la raison.

DE L'IMPRIMERIE DE M⁰ᵉ VEUVE AGASSE,
RUE DES POITEVINS, Nᵒ 6.

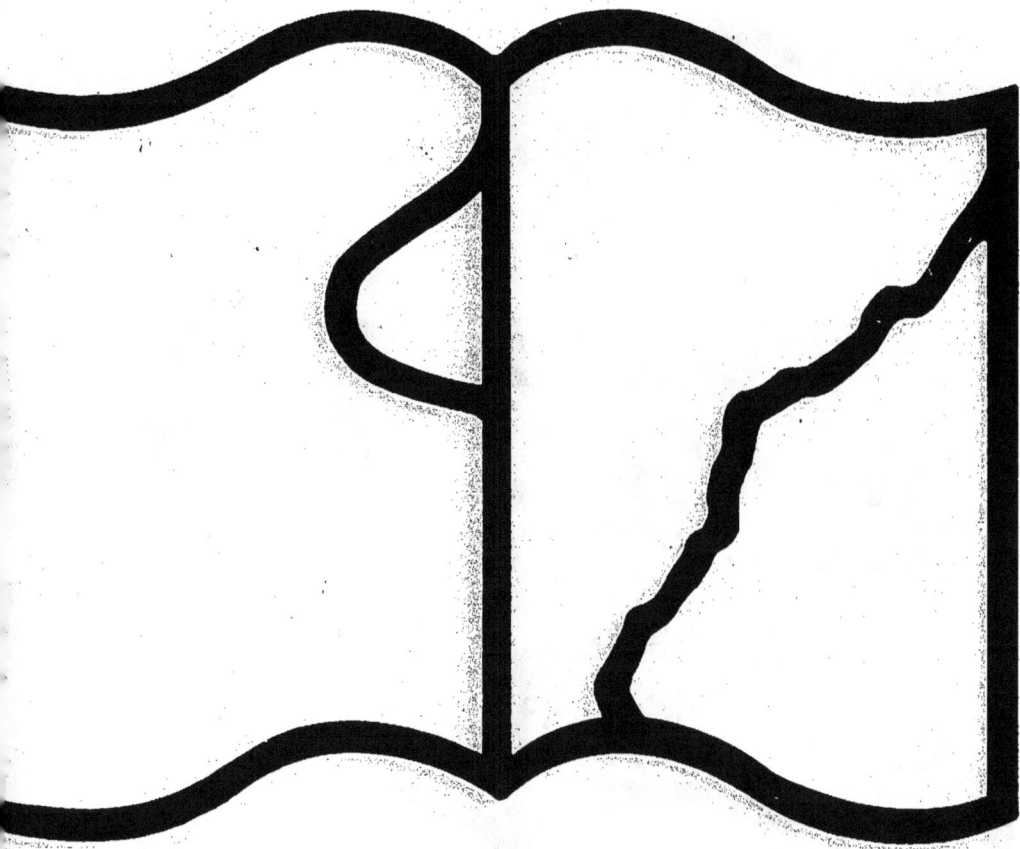

Texte détérioré — reliure défectueuse

NF Z 43-120-11

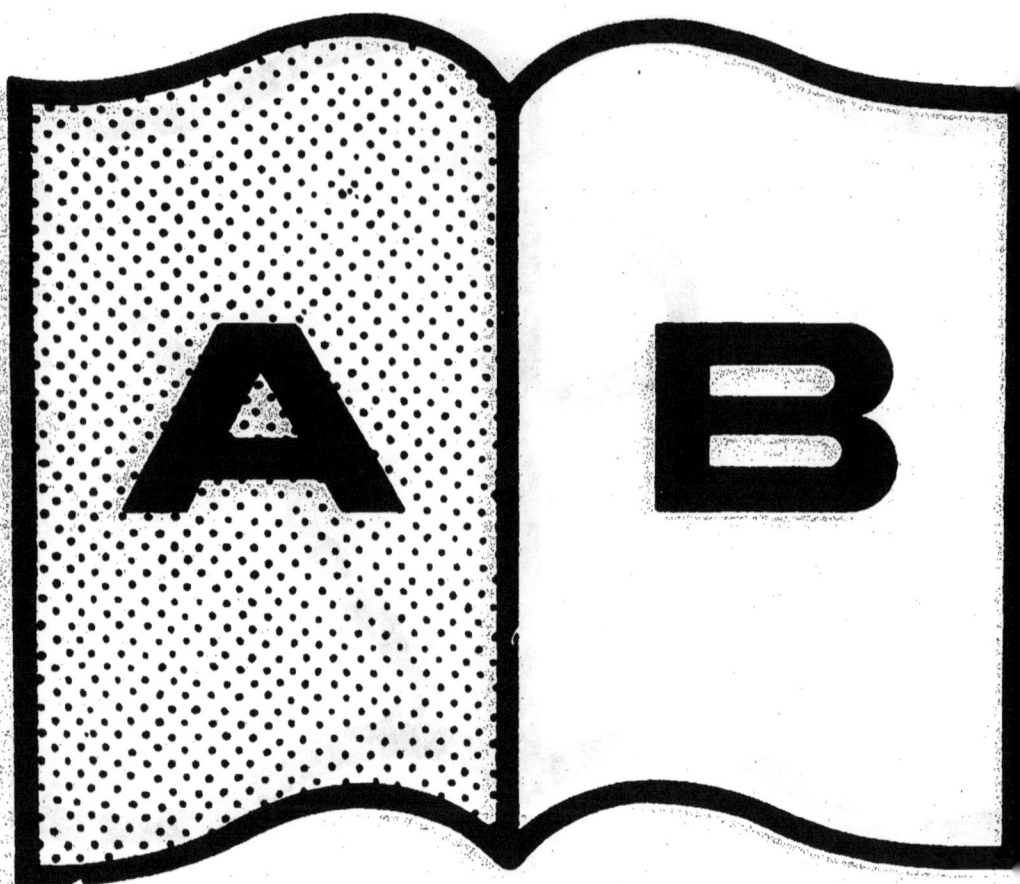

Contraste insuffisant

NF Z 43-120-14